創建人體解剖學

早於希波克拉底及蓋倫的年代，已有關於解剖學的論著，但主要是解剖動物，未有深入研究人體。

及至 16 世紀，著名藝術家達文西致力探索人體結構及功能，曾在停屍間解剖三十多具屍體，繪製近千幅人體結構圖，對骨骼、肌肉、神經、血管有詳細且精準的描繪，對解剖學有重大貢獻。

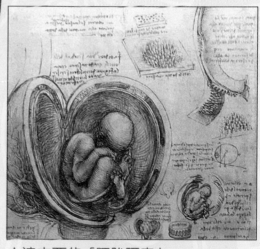

↑ 達文西的「胚胎研究」。

16 世紀的醫學發明

體溫計：1593 年，科學家伽利略發明了第一支溫度計，以熱脹冷縮的原理量度水位變化。其後經多位學者的改良，才產生以水銀代替水，並附設刻度的溫度計。

photo credit: Chris Gladis

↑ 伽利略溫度計

顯微鏡：1590 年由荷蘭眼鏡商發明，以一片凹鏡和一片凸鏡組成，但未有實際用途，直到 1611 年伽利略才用於昆蟲研究。17 世紀意大利生物學家馬爾皮基以顯微鏡研究人體的微細結構，發現了毛細血管、紅血球及血液循環的原理。

歐洲致命疫症

歐洲自中世紀開始都市化，加上 18 世紀的工業革命，令人口急促增長。密集的居住環境，缺乏公共排污系統，令衛生環境非常惡劣，成為細菌溫床，以致當時的幾場疫症一發不可收拾。

 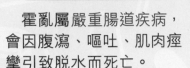

霍亂屬嚴重腸道疾病，會因腹瀉、嘔吐、肌肉痙攣引致脫水而死亡。

此瘟疫自 1817 年起幾乎橫跨整個十九世紀，有說起源地位於印度孟加拉南部，全球死亡人數逾 2000 萬，單是英國也超過 13 萬。在確認源頭為細菌之前，各界對霍亂的成因普遍有兩種說法。

接觸傳染論

部分學者相信是人傳人傳染，他們認為當時航海技術發展令移遷及商貿往來頻繁，霍亂正是循此途徑傳遍世界。

非接觸傳染論

英國醫學界普遍以「瘴氣論」解釋霍亂是藉由空氣傳播，當時城市人口密集，環境骯髒，糞便的惡臭加上垃圾堆積，使空氣瀰漫着有害氣體，成為傳播霍亂的根源。

真正元兇

→斯諾醫生

就是它！

污水論

麻醉科醫生約翰·斯諾對空氣傳播之說有所存疑，因為患者發病的部位是在腸道而非肺部，故此推斷問題在於水源。

1854 年，斯諾在倫敦逐戶訪問居民，將病例地點及附近抽水泵標注在地圖上，發現案例最多之處的飲用水源於泰晤士河下游，懷疑正是霍亂源頭。由初時沒有人相信他的論述，到後來倫敦市政府接納他的數據及分析，拆除受污染的水井水泵，令感染數字下降，進一步印證了水污染之說。

抽水泵

病例地點

在《大偵探福爾摩斯㊻幽靈的地圖》中，斯諾認為霍亂與人們日常飲用的水有關，懷疑水源受污染。福爾摩斯用大鐵鎚打歪抽水泵，讓居民無法再抽水飲用。當然，這些情節是虛構的。

直至 1883 年，德國醫生兼微生物學家柯霍，首次從霍亂病人排泄物中發現霍亂弧菌，正式解開霍亂源頭之謎。

黑死病

史上最嚴重瘟疫，由 14 世紀跨越至 19 世紀，造成全球近 2 億人死亡。由於發病時皮下會出血引致膚色發黑，故稱「黑死病」。

→在《大偵探福爾摩斯⑲瀕死的大偵探》中，蘇格蘭場孖寶調查一宗屍體發現案時，懷疑死者患有黑死病。

傳播途徑

一般認為黑死病是源於鼠疫，並按症狀分為腺鼠疫、敗血性鼠疫、肺鼠疫。病原體為鼠疫桿菌，跳蚤叮咬老鼠後，將細菌帶到人類身上。由於當時沒有預防和治療方法，故死亡率極高。

→就連福爾摩斯也患了黑死病？

荒誕治療

在中世紀的歐洲，神學與醫學沒有明顯分家，教士相信透過放血可令頭腦清醒，使放血成為當時治病主要手段。不過不少病人卻因失血過多，或未有消毒傷口感染細菌而死亡。

鳥嘴醫生

當時負責治療黑死病患者的「瘟疫醫生」，部分會穿着塗了蠟的長袍，鳥嘴形面罩內放有除臭藥草，眼睛處有阻隔用的玻璃鏡片，並手持木杖以檢查患者身體，這身造型被稱為「鳥嘴醫生」。

完善的裝備雖然能保護自己，但他們多是沒有經過訓練和診症經驗的醫師，所以對病人無甚幫助。

瑞典細菌學家耶爾森於 1894 年發現鼠疫桿菌（又名耶爾森氏菌），1896 年俄羅斯科學家終於研製出疫苗，疫情才得以受控。

雖然瘟疫奪走了很多人的性命，但無疑為醫學界帶來很多新發現，也令人們的生活有所改變。

• 開啟流行病學之門：1854 年的霍亂第三次大流行，令斯諾認定是一種物質令水源被污染，此事被視為流行病學的開端，斯諾也被尊稱為「流行病學之父」。

• 正視公共衛生：經過多次重大瘟疫，英國於 1848 年通過《公共衛生法案》，採取各項衛生措施，包括鋪設污水專用下水道、改善排污系統、過濾食水、清理街道垃圾等。

時代偉人南丁格爾

由上流貴族 至戰地護士

弗羅倫斯·南丁格爾（1820 年～ 1910 年）生於意大利的英國上流社會家庭，但她的志願卻是當戰地護士。

在維多利亞時代，歐洲戰事頻繁，傷兵經常進出醫院，但礙於當時醫療技術落後，衛生條件惡劣，故死於醫院的傷兵數目遠比戰死沙場的多，護士工作也被視為骯髒及危險，地位低微。

1850 年，南丁格爾不顧家人反對，毅然前往德國接受護理訓練。學成歸來後，她在倫敦一間醫院擔任護理監督，改善了醫院內的衛生環境，她亦立志要開設一間訓練護士的學校。

1854 年歐洲爆發克里米亞戰爭，南丁格爾帶同近 40 名護士前往戰地醫院，照顧傷兵飲食、清理環境、添置藥物和設備，深夜更提着油燈巡視傷者情況，故被士兵尊稱為「提燈天使」。半年後，傷兵的死亡率由 42% 下降至 2%。

南丁格爾的貢獻

進行醫療改革

南丁格爾倡議的軍人健康皇家委員會於 1857 年成立，為醫院進行多項醫療改革，包括改善通風系統、污水處理、清水供應及廚房設備。

成立護理學校

1860 年，南丁格爾運用公眾募捐的基金，在英國成立世上第一所女子護理學校，使護理成為專業醫療學科，護士及女性的形象也大為提升。她提倡以「愛心、耐心、細心、責任心」對待每一位病人，成為護理界的專業精神。

各種醫學發明

聽診器

↑雷奈克發明的聽診器

世上首個單耳聽診器

昔日醫生會用耳朵隔着毛巾貼在病人胸口上診察心肺聲音，不過這對女性及肥胖人士甚為不便。

1816年，法國內科醫生雷奈克用厚紙捲成圓筒狀，放在病人胸口和自己耳朵間，心跳聲竟然聽得一清二楚。隨後，他發明了空心的木製單耳聽診器，並取名為「stethoscope（聽診器）」，在希臘語中，「stethos」指胸口，「skope」為檢查之意。

1840年，英國醫生卡門將單耳聽診器改良為雙耳式，可更清晰及正確地聽診心、肺、靜脈、動脈以至胎兒心跳聲音。

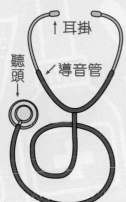
↑耳掛
聽頭→
↗導音管

聽診器原理

基本分為三部分：聽頭、導音管及耳掛。體內器官振動時會傳導至聽頭的鋁膜，再透過導管傳到耳中。由於聽頭面積較大，而耳塞一端狹窄，故可以放大病人器官的聲音波動，並消除外在雜音。

注射器

鬧雙胞的發明者

1796年，世上第一支疫苗問世，但當時並未有注射器，醫生只能割開患者皮膚，將疫苗覆蓋在傷口上。

1853年，蘇格蘭醫生伍德以玻璃管裝上推拉活塞，注入疫苗，不僅傷口較小，也能看清劑量。

↑伍德發明的注射器

同年，法國醫生普拉瓦茲也研製出注射器，它以銀製造，透過扭動針筒一端螺絲，以推進幼針注射疫苗。

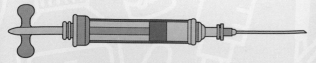
↑普拉瓦茲發明的注射器

注射方法

可分為皮下注射、皮內注射、肌肉注射及靜脈注射，按藥物或疫苗種類及作用而決定採用哪種。

	皮下注射	皮內注射	肌肉注射	靜脈注射
針頭角度	45度	5至15度	90度	25度
插入組織	皮下組織	真皮層	肌肉	血管
好處及壞處	藥效吸收較慢，但較持久	用於卡介苗、過敏測試，痛楚較大	肌肉神經較少，可注射劑量較多、較刺激藥物	能最快吸收藥物，適用於急救

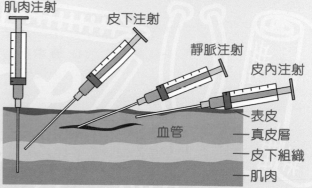
肌肉注射
皮下注射
靜脈注射
皮內注射
表皮
真皮層
皮下組織
肌肉
血管

麻醉英語 Anesthesia 源自古希臘語，有失去知覺、麻痺等意思。

酒精

華生醫生，你還未給我麻醉啊！

麻醉藥出現前

自中世紀以來，歐洲戰亂頻仍，傷兵無數，做手術的需求（尤其截肢）倍增。然而在 18 世紀中葉以前，麻醉藥仍未出現，傷病者常要在清醒狀態下進行手術，他們不是痛極而死，就是感染細菌亡，風險甚高。

雖然醫生曾用多種方法令傷病者手術前失去意識，包括使用酒精及鴉片、掐暈、重擊頭部、將肢體泡冰等，但成效不大且危險。

笑氣的發現

1800 年，英國化學家漢弗萊發現一氧化二氮含有麻醉成分，更以自身作試驗。1844 年，一氧化二氮首次作為麻醉劑於牙科手術中使用。由於吸入帶甜味的一氧化二氮會令人發笑，故又稱「笑氣」。

乙醚冒起

美國牙醫莫頓致力研究名為「乙醚」的物質，他曾以狗、金魚及自己作實驗，吸入乙醚會昏倒，但醒來並無不良反應。1846 年 10 月，莫頓在數十人見證下使用乙醚，為患者切除頸部腫瘤，患者醒後毫無痛感，自此乙醚的需求量大增。

華生醫生，麻醉可分為幾多種？

華生醫生，麻醉有沒有副作用？還有⋯⋯

好了好了，我一次過講解吧！

麻醉的作用是令傷患者在手術期間失去意識和痛感，及確保傷患者不能活動，影響手術的準確性和安全。

麻醉可分為全身、半身、局部及監測，醫生會按患處、年齡等決定選擇哪種。

	全身麻醉	半身麻醉	局部麻醉	監測麻醉
適用病症 / 部位	腹腔以上至頭部	下肢、泌尿系統、剖腹生產	小型外科手術	做檢查或非創傷性手術
麻醉部位	全身	下半身	需進行手術部位	局部
麻醉方式	吸入氣體或注射藥物	注射入脊髓腔內或硬脊膜外	外用藥物或注射藥物	注射入血管
清醒狀態	失去意識及呼吸，須靠呼吸機協助	清醒	清醒	清醒但昏昏欲睡
副作用	現今因麻醉而引致死亡風險極低，只是麻醉範圍愈大，出現副作用機會較大。常見副作用包括暈眩、噁心、頭痛、肌肉疼痛、疲倦等，只有少數會出現心肌梗塞、休克、中風等嚴重併發症。			

「X光」的「X」代表甚麼？

這是倫琴起的名字，代表一種未知的新發現射線。

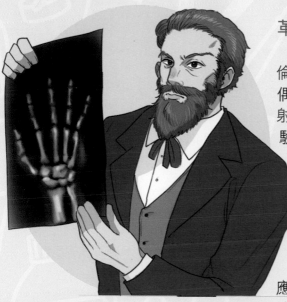

↑《兒童的科學》第 206 期的「誰改變了世界？」也詳細介紹了倫琴與 X 光。

革命性發現

1895 年，德國物理學家倫琴在研究陰極射線時，偶然發現一種穿透力極強射線，他請妻子進行實驗，將手放在感光片上，沖曬後竟現出清晰的手骨。其後他以此發表論文及向媒體展示照片，引來爭相報道。

1896 年，X 光開始應用於醫療上，可以準確地診斷骨折、骨科疾病及外來異物。一次大戰期間，更廣泛地用於判斷傷兵體內子彈位置。

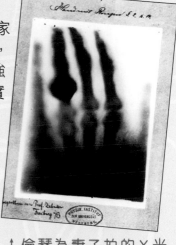

↑ 倫琴為妻子拍的 X 光片。

這項醫學上的傑出成就，為倫琴帶來首屆（1901 年）諾貝爾物理學獎，多位學者亦建議將該射線命名為「倫琴射線」，不過被當事人拒絕。

甚麼是 X 光

X 光是一種電磁波，波長由 400 至 700 納米為可見光，X 光波長只有 0.01 至 10 納米，跟紫外線、伽馬射線同屬看不見的光。電磁波波長愈短，能量愈高，穿透力愈強。

電磁波光譜

無線電波	微波	紅外線	可見光	紫外線	X光	伽馬射線

X 光的危害

X 光穿透人體的時候會產生電離輻射，若長期或過量攝取，體內組織會發生化學變化，帶來種種危害，包括脫髮、癌症等。

著名女科學家居禮夫人一直參與放射性研究，在沒有防護裝備下經常接觸電離輻射，亦常將含有鐳的試管放在口袋中，一次大戰期間更利用流動 X 光車診斷傷兵。1934 年她死於再生不良性貧血，懷疑正與此有關。

居禮夫人↗

心電圖

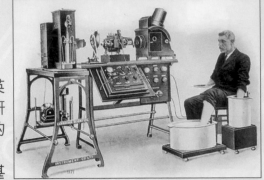

心臟診療工具

威廉．愛因托芬是荷蘭醫生兼生理學家，他在英國生理學家沃勒研發基礎上，進行心臟動作電流研究。1901 年他發明的弧線式電流計取代了之前的微電流計，操作上更精準及靈敏。

他的心電圖描繪裝置外形與現今的便攜式相距甚遠，不僅甚為笨重（約 270 公斤），更要將雙臂及一條腿泡在鹽水中進行測試，以增強導電性，不過分析方法及理論則大同小異。

解構心電圖

心臟收縮時會產生微量電流，形成不同波段：P 波、Q 波、R 波、S 波及 T 波，可憑此檢測心臟活動狀況，診斷心肌梗塞、冠心病、心肌病變等心臟疾病。

心電圖大致可分為靜態（ECG）及動態兩種，較常見是躺着測試的靜態心電圖。下圖是一個正常狀況下的心電圖記錄。

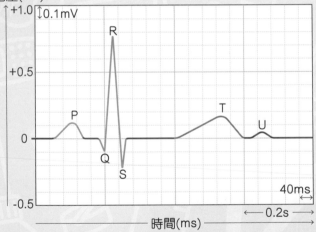

心電圖座標紙上的橫軸代表時間，以毫秒（ms）為單位，1 小格等於 40 毫秒（0.04 秒），5 小格相當於 1 大格，為 0.2 秒，5 大格就是一秒。縱軸代表電壓，以毫伏（mV）為單位，1 小格是 0.1 毫伏。

部分異常波形

Q 波大幅下探：可能患有心肌梗塞。
R 波大幅上升：或患有心室肥大。
T 波倒置：可能患有心肌缺氧或梗塞。

小知識 從藥水到全球銷量第一汽水

不論小孩或大人都難以抗拒的可樂，它誕生的原意竟然是嗎啡的代替品？

約翰．彭伯頓是美國藥劑師，也是美國南北戰爭中的退役軍人。當時的傷兵為舒緩傷口痛楚，會使用嗎啡作止痛劑，以致依賴成癮，就連彭伯頓也不例外。

於是彭伯頓決心研發一種可代替嗎啡的藥水。他從古柯葉提取古柯鹼製成古柯酒，但當時喬治亞州實施禁酒令，便改良成無酒精版，主要成分為古柯鹼、咖啡因及碳酸水，1886 年正式推出市面，開始廣為人知，時至今日，可樂風潮席捲全球，成為最高銷量汽水。

photo credit: Bob B.Brown

↑豎立於美國亞特蘭大的彭伯頓銅像。

Coca 來自古柯葉（Coca leaf），而可樂中的咖啡因提取自可樂果（Kola），將兩種成分合成便成為 Coca-Cola。

醫學研究的發展

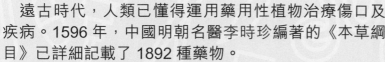

藥理學

遠古時代，人類已懂得運用藥用性植物治療傷口及疾病。1596 年，中國明朝名醫李時珍編著的《本草綱目》已詳細記載了 1892 種藥物。

在歐洲，18 世紀的工業革命帶動了自然科學發展，科學家開始懂得從藥性植物中提取活性成分，製成藥物，正式開啟藥理學之門。

嗎啡

1806 年，德國藥劑師瑟圖納首次從罌粟花的秸稈中提取出嗎啡，它是具強效止痛作用的鴉片類藥物，適於用嚴重燒傷、癌症末期等患者。

然而止了痛卻不能止癮，長期服用會導致嚴重上癮。1874 年德國化學家霍夫曼本想研發藥效和成癮性較低的海洛因以取代嗎啡，然而它不僅沒有止痛功效，反而更容易上癮。

罌粟花
photo credit: Hans Splinter

阿士匹靈

來自柳樹皮中的水楊酸，早在古希臘，西方醫學之父希波克拉底便以柳樹皮治療頭痛。1897 年，霍夫曼合成為乙醯柳酸，並取名「阿士匹靈」。

阿士匹靈藥效甚廣，具消炎、止痛之效，更可減少患心肌梗塞、中風、部分癌症等風險，不過也有令胃部不適、噁心等副作用。

胰島素

糖尿病自古埃及時期已困擾着人類，但一直未有根治方法。直至 19 世紀末，科學家才發現人體胰臟可產生一種物質來控制血糖水平，那就是糖尿病人缺乏的胰島素。

1921 年，加拿大科學家班廷、麥克勞德及貝斯特成功將胰島素從胰臟分離，成為治療糖尿病的有效天然藥物。

← 胰臟

抗生素

英國科學家亞歷山大‧弗萊明於 1928 年一次葡萄球菌實驗中，樣品不慎被青黴菌污染，但他發現原來青黴菌能抑制細菌繁殖，後命名「盤尼西林」，即現今的抗生素。

雖然盤尼西林常見於土壤，但培養方法困難。直至 1939 年才被另外兩位英國科學家弗洛里和錢恩提煉出純度和濃度更高盤尼西林，並在二次大戰時大量用於傷兵上。

雖然抗生素能殺死多種致病細菌，卻對病毒性傳染病起不到作用，所以感冒時服用抗生素是沒有幫助的。

巴斯德

細菌學

存在於身邊的微生物

又稱「病菌學」，指疾病由病菌或微生物引起，而非體液、瘴氣造成。

自 16 世紀顯微鏡誕生，醫生對疾病成因有更深入了解。19 世紀中期，法國微生物學家巴斯德在研究葡萄酒發酵過程時，發現發酵是由活的微生物增長造成。他更創出「巴斯德消毒法」，以攝氏 50 至 60 度短暫加熱，能殺死液體中的有害微生物。

病原菌引致傳染病

德國微生物學家柯霍亦畢生致力微生物研究，他是首個主張傳染病是由病原菌感染造成的人，並發現多種疾病的致病菌。他在醫學界的卓越成就不僅被冠上「細菌學之父」之名，更於 1905 年獲得諾貝爾生理學或醫學獎。

柯霍

炭疽桿菌

炭疽病屬急性傳染病，常發病於動物身上，人類感染並不常見。柯霍發現存活於土壤中的炭疽桿菌正是此病元兇，這是人類首次證實微生物能致病。

結核桿菌

19 世紀肺結核被稱為「白色瘟疫」，除了咳嗽及痰中帶血，臉容蒼白亦是病徵之一。當時的人普遍認為是遺傳病，但柯霍堅信是傳染病，結果於 1882 年成功分離及培養出結核桿菌。

霍亂弧菌

1883 年，柯霍與研究小組調查霍亂成因，發現了可透過水、食物、衣服等途徑傳播的霍亂弧菌，終於成功控制霍亂疫情。

免疫學

世上首支疫苗誕生

天花是由天花病毒引起的傳染病，18 世紀肆虐歐洲，患者會全身長滿紅色皮疹，嚴重者甚至死亡。

英國醫生詹納發現曾感染牛痘的擠奶女

↑ 詹納被尊稱為「免疫學之父」，其事蹟可參閱《兒童的科學》第 197 期「誰改變了世界？」。

工甚少患上天花，於是推斷兩者有關連。雖然它們病徵相似，但牛痘症狀較輕微，詹納便於 1796 年替一名男孩接種牛痘，後來男孩果然能對天花免疫。這劑正是世上首支疫苗，而疫苗英文「vaccine」源自拉丁文「vacca」，是牛的意思。

華生，你醫術高超，可否替我注射免疫疫苗？

你要預防甚麼疾病？

交租呀～～～

我想可以交租免疫。

外科學

19 世紀前的手術

外科學就是以外科手術治療病患的專科。手術歷史源遠流長，從古埃及出土的木乃伊中已發現頭顱有手術痕跡。

在 19 世紀前，手術技術仍然落後，加上醫院環境惡劣，醫生缺乏消毒意識，傷患者不僅受出血及疼痛折磨，很多更因細菌感染而出現併發症，所以當時手術失敗率極高。

提倡手術前消毒

直至 19 世紀末，英國醫生約瑟夫・李斯特拜讀巴斯德的微生物論文後，確信病患感染細菌的原因是缺乏消毒。1865 年，他採用巴斯德主張的消毒法，以石炭酸作消毒劑處理傷口，並囑咐醫生手術前要穿白袍、以高溫消毒器具及徹底清潔雙手。

手術前消毒，加上麻醉藥的發明，令當時手術後的死亡率大幅降低，李斯特也成為「現代外科學之父」。

← 李斯特怎樣一步步實踐手術消毒之路？可參看《兒童的科學》第 192 期「誰改變了世界？」。

精神分析學

早期人們視精神疾病為被妖魔附體，唯 治療方法就是以符咒和護身符「驅魔」。

在 18 至 19 世紀初期，顱相學*與催眠術是歐洲盛行的精神療法，就連著名的奧地利神經學家佛洛伊德初時亦以催眠術治療，但他後來發現催眠術只可了解患者過去經歷，並沒有治療效用，於是便創立一套精神分析學，發展出潛意識、本我、自我、超我等理論。

* 是根據頭顱形狀推斷人的精神意向及智力的學說。

佛洛伊德

潛意識

人有 3 種意識：意識、前意識和潛意識。潛意識是指內心被壓抑得不會意識到的慾望，而我們的行為主要由潛意識控制。

冰山理論

人格論

由各種意識引伸出來的 3 種人格：本我、自我、超我。本我屬於潛意識的慾望，是與生俱來的原始人格；自我是有意識的部分，奉行現實原則；超我被道德原則支配，與本我是相對的關係。

釋夢治療

佛洛伊德認為夢是理解潛意識的途徑，它能滿足現實中實現不了和受壓抑的願望，但會以扭曲了的象徵形式出現。

原來「日有所思，夜有所夢」是真的。我現在要去睡覺，尋找我的潛意識了。再見！

大偵探 福爾摩斯
SHERLOCK HOLMES
實戰推理短篇
未完成的壁畫

厲河＝原案 / 監修　陳秉坤＝小説 / 繪畫

陳沃龍、徐國聲＝着色

夏洛克
天資聰穎，長大後成為了倫敦最著名的私家偵探。

猩仔
少年時代的李大猩，頑皮又好勝。

　　午後的陽光穿過林蔭，在地上映照出**斑駁**的金黃色。夏洛克穿了套禮服，跟着母親美蒂絲一起外出。兩人穿過**人頭湧湧**的商店街，往位於街道盡頭的教堂走去時，夏洛克聽到三個**盛裝打扮**的婦人**議論紛紛**。

　　「那新娘之前的男朋友不是一個畫家嗎？」

　　「聽説她被那畫家拋棄了。」

　　「但現在的新郎是個富商，看來會更幸福呢。」

　　夏洛克別過頭來對母親説：「新娘子是媽媽的朋友嗎？」

　　「是喔，不過自從你出世後，我們已經有一段時間沒見面了。待會你要好好跟人家打招呼啊。」美蒂絲説。

　　「嗯。」夏洛克點點頭。

　　不一刻，他們已走到教堂的前面。

　　「好多賓客呢。」兩人跟隨着賓客穿過掛着**華麗花鐘**的拱門，走進了教堂。首先映入眼簾的是一幅又一幅**壯麗的壁畫**，栩栩如生地繪畫着一眾**翩翩起舞**的天使，令人倍覺溫馨。

　　這時，陽光正透過**彩繪玻璃**射進教堂內，讓地板和牆壁都染上了**絢爛的色彩**，讓人仿如置身於**夢幻世界**一樣。

　　「哇，這教堂很美麗啊。」夏洛克驚歎。

「是啊！」一個胖紳士轉過頭來，自豪地說，「我們教堂聘請了一位畫家，花了數年時間把這裏的**壁畫**和**彩繪玻璃**全部重新繪畫，令這兒成為了本郡最美麗的教堂呢。」

「原來如此。」夏洛克有禮地說，「先生，謝謝你的介紹。」

「別客氣，你慢慢欣賞吧。」胖紳士說完，就找了個位置坐下。

夏洛克環視教堂，正想再仔細看清楚那些壁畫時，卻注意到其中一面灰白色的牆上，只畫了一個拱門似的**空洞洞**的圖案，在其他華麗的壁畫包圍下，顯得**格外突兀**。

「那幅壁畫怎麼了……？」夏洛克呢喃。

「看來是尚未完成呢，待會再欣賞吧。」

美蒂絲牽着夏洛克的手，一起穿過教堂的走廊，去到後方一所小房子前。夏洛克看到門上掛着的**花環**，就知道這是新娘子的休息間。

美蒂絲正想叩門時，突然，木門「**砰**」的一聲被打開了，一個身穿白色禮服的小胖子**跌跌撞撞**的衝了出來。夏洛克被嚇了一跳，他定睛一看，發現眼前的小胖子不是別人，竟是他的好朋友**猩仔**！

「猩仔？你怎會在這裏的？」夏洛克驚訝地問。

「救命！救命啊！」猩仔驚慌地撲到夏洛克身上，「有人**追殺**我！」

「追殺？甚麼人追殺你？」夏洛克不敢相信。

「喂！你跑到哪去了？我們還要**彩排**呀！」一個響亮的聲音從小房子內傳來。

「不得了！她來了！」猩仔臉色煞白，一個急竄，躲到夏洛克身後。

這時，一個身穿白色禮服、**胖乎乎**的女孩走了出來。她個子高大，手上又拿着**雞毛帚**，顯得**霸氣十足**。

「哇！救命！新丁1號，你一定要救我！」猩仔在夏洛克背後**縮作一團**。

「喂，你躲在人家身後幹嗎？快出來呀！」胖女孩說完，又衝着夏洛克叫道，「還有，你這小子為甚麼把我的搭檔藏起來？我們要彩排呀！」

「彩排？」夏洛克瞪大了眼睛。

「怎麼傻乎乎的，這位小妹妹一定是新娘子的花女。猩仔是她的搭檔，不就是花童嗎？」美蒂絲提醒。

「啊！」夏洛克**恍然大悟**，一手抓着猩仔，向胖女孩說，「對不起，我把花童還給你。」

「甚麼？你竟出賣我！」猩仔大驚，正想用力掙脫，但說時遲那時快，胖女孩已一個箭步衝前，她**手起刀落**，把雞毛帚一揮，「啪」的一聲打在猩仔的大腿上。

「**哎呀呀呀呀！**」猩仔慘叫，「小虎妹，你放過我吧！」

「當花童必須**正正經經**地站好，怎麼教你這麼多次，你也學不會？」名叫小虎妹的胖女孩又手起刀落，「**啪**」的一聲往他的左腿使勁地抽打了一下。

「**哇！**」猩仔本來向外彎的左腿突然霍地伸直。

「這邊也要直立呀！」小虎妹的話音剛落，雞毛帚已「**啪**」的一聲打在猩仔的右腿上。

「哇！好痛！」猩仔外彎的右腿霍地伸直，可是左腿卻又變彎了。

「哎呀，又來了！」小虎妹喝道，「兩條腿也要同時伸直呀！」

說着，她**左右開弓**，「啪啪啪啪」地不斷矯正猩仔的站姿。

美蒂絲沒想到竟有這麼強悍的花女，已看得**目瞪口呆**。夏洛克卻心中暗笑——常常**不可一世**的猩仔，這次終於遇到**剋星**了！

在一輪嚴屬的雞毛帚攻勢下，猩仔總算懂得直立了。不過，在夏洛克看來，直立的猩仔比腿彎彎的猩仔更顯得**滑稽可笑**。

「猩仔！你立正時好帥啊！」小虎妹滿意地一笑，並出其不意地在猩仔的面頰上吻了一下。

「嘻嘻哈哈！」猩仔突然變得**滿面通紅**，**搖頭擺腦**地傻笑起來。夏洛克彷彿看到，猩仔的頭頂上已佈滿了**紅心**和**星星**。

「猩仔、小虎妹，有客人嗎？」就在這時，一名皮膚白皙的新娘從小房子步出，她那襲雪白的婚紗讓她顯得更**明艷照人**。

「**卡蓮(Kalin)**，是我呀。」美蒂絲走上前笑道，「很久沒見，恭喜你出嫁啊。」

「啊！美蒂絲，你來了！」新娘高興地拉着美蒂絲的手說，「進來吧。我有很多說話想跟你說呢。」

「好呀。」美蒂絲說完，轉過頭來囑咐，「乖兒子，你跟你的朋友玩耍吧，我和新娘子要**聚舊**。」

「知道了，你們慢慢談吧。」

待卡蓮與美蒂絲走進小房子後，小虎妹便對夏洛克說：「我的表姐很漂亮吧？將來我出嫁時，也一定要這麼漂亮！」說完，她往猩仔瞅了一眼。

猩仔赫然一驚，慌忙說：「我還有很多案未破，又未成為蘇格蘭場的警探，不能娶你啊！」

「哼，誰說要你娶我？」小虎妹**一臉不屑**地說，「本小姐的要求很高啊。胖的不要，矮的不要，太瘦的不要，太高的不要，沒學識的不要，太過書呆子也不要。呀！對了，**畫畫**的一定不要！」

「太好了，幸好我不懂畫畫。」猩仔鬆了一口氣。

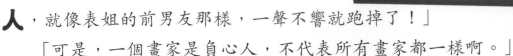

夏洛克覺得小虎妹的**擇偶條件**很有趣，於是問：「為甚麼畫畫的不要呢？」

「哼！還用問嗎？畫家都是**負心人**，就像表姐的前男友那樣，一聲不響就跑掉了！」

「可是，一個畫家是負心人，不代表所有畫家都一樣啊。」

「這個我不管，總之，我最討厭畫畫的！」小虎妹**滔滔不絕**地說，「你知道嗎？表姐與她的前男友**連格（Lingard）**已到了談婚論嫁的地步啊！但舅父嫌他是個**窮畫家**，不准他們交往。表姐不顧反對，決定與他**私奔**。不過，實在太豈有此理了！那個畫畫的竟然隨即**人間蒸發**，消失了！」

「消失了？」夏洛克訝然。

「會不會是遇上了意外呀？」猩仔聽到人間蒸發，立即**興味十足**地推理，「譬如說，他不小心掉進**糞坑**中淹死了，又或者被奸人所害，給埋了呢？」

「不會啦。」小虎妹擺擺手，「表姐收到連格寄給她的一張明信片，上面還寫着『請不要找我』的字句。」

「我明白了！」猩仔自作聰明地說，「他一定是**懸崖勒馬**，發現自己並不愛你的表姐，只好一走了之！」

「**懸崖勒馬**？這是遇到危險時清醒回頭的意思，不能這樣用啊。」夏洛克輕聲提醒。

「哈哈哈，都一樣啦。」猩仔也輕聲說，「女人都是危險的嘛。」

幸好小虎妹沒聽到兩人的對話，只是帶着怒氣說：「如果那傢伙真的不愛表姐，就太過分了！他只是個窮畫家，小時候又摔跤破了相，其中**一隻耳朵缺了角**。我表姐也從沒嫌棄過他啊！」

「原來如此……」忽然，猩仔面色一沉，摸着腮幫子老氣橫秋地說，「曾經破相嗎？我明白了。他一定很自卑，發覺自己配不上你表

姐，只好**黯然引退**。」

「是嗎？聽來也有點道理呢。」小虎妹鼻子一酸，「其實，他也不用白卑啊，他畫的畫很漂亮，例如——」說着，她從袋子裏拿出筆記本，掏出了一張**明信片**。

「啊？就是那張明信片？」夏洛克訝異，「怎會在你手上的？」

「表姐看到明信片後很傷心，但又不捨得把它丟掉，我為免她**觸景傷情**，就悄悄地收起來了。」小虎妹說，「今天把它帶來，是想在表姐出嫁後把它**銷毀**的。」

「讓我看看。」夏洛克接過明信片，看到畫的正中央有一個**被藤蔓纏繞的鞦韆**，它好像被棄置了很久，散發出一種莫名的孤寂。畫的上方，寫着小虎妹提及的那句「**請不要找我**」。不過，筆觸看來並不利落，像是掙扎良久才寫下似的。

夏洛克細看了一會，抬起頭說：「這明信片好像別有含意。」

「甚麼含意？」

「你看這些纏在鞦韆上的藤蔓，它們像不像一些文字？」

「甚麼文字？讓我看看！」猩仔也把臉湊過來，「你是指那些綠色的枝葉？」

「這麼說來，好像是寫着2、I、<、6和U呢。」小虎妹也看出來了。

「2個數字、2個英文字母和1個符號，看來完全沒有意思呢。」猩仔說。

「不，我覺得把它們合起來，寫成**2I<6U**，就很像一條算式。」夏洛克說。

「算式又怎樣？也沒有任何意義呀。」

「沒有任何意義嗎？」夏洛克盯着明信片沉思片刻，突然，他眼前一亮，「呀！我明白了！這條算式含有**I LOVE YOU**的意思！」

「真的？」小虎妹**不敢置信**。

2I<6U這算式簡化後會得出甚麼呢？想不通的話，可以翻到第28頁看答案。

「哎呀，連格一聲不響就拋棄了卡蓮小姐，又怎會留下這樣的訊息啊。」猩仔並不同意。

「唔……」夏洛克又想了想，「難道箇中另有隱情？」

就在這時，一個**一臉嚴肅**的老紳士走了過來。他一看到夏洛克手上的明信片，就**怒氣沖沖**地喝問：「那不是害得卡蓮傷心欲絕的明信片嗎？怎會在你們手上的？」

「舅父……」小虎妹不知怎樣回答。

「哈哈哈，沒甚麼啦。」猩仔**人急智生**，連忙為小虎妹辯解，「卡莫先生，我們剛才發現卡蓮姐姐還收藏着這張明信片，為免她**藕斷絲連**，就把它偷出來準備銷毀啊。」

「原來如此。」老紳士卡莫放鬆了繃緊的臉容，「猩仔，你做得好！馬上把它銷毀吧。要知道，那小子的老爸是個罪犯，出身低賤，全身都散發着**霉氣**。你們看，這張明信片上的鞦韆**破破爛爛**的，簡直令人噁心！」

「爸爸！」突然，眾人身後響起了一下叫聲。他們回過頭看去，只見卡蓮和美蒂絲站在小房子的門外。

「爸爸！」卡蓮激動地說，「連格雖然拋棄了我，但你不應**出言不遜**，說他出身低賤！」

「卡蓮，你別激動。」卡莫勉強堆起笑臉，「今天是你出嫁的日子，我們不要再提起那些不愉快的事了。」

「不！」卡蓮不肯退讓，「你說連格的爸爸是個罪犯，究竟是甚麼意思？」

「哼！」卡莫面色一沉，「本來不想說的，既然你堅持要問，我就說吧！那窮小子的父親表面上是個牧師，以前卻是個**打家劫舍**的強盜。他雖然已經**改名換姓**，但還在通緝犯的名單上呢！」

「不可能，你騙人！」卡蓮不肯相信。

「騙人？連格本人也承認了，何來騙人？」卡莫鄙視地說，「他**一聲不響**就離開你，就是為了不想他老爸的**醜事曝光**呀！」

「啊……」卡蓮呆了半晌，「難道……難道……你就是用這個來要脅他，逼他離開我的？」

被卡蓮這麼一說，卡莫有點慌了，連忙說：「我……我這樣做也是為你好呀。**有其父必有其子**，你跟那罪犯的兒子一起，只會誤了你的人生啊！」

「太過分了！你怎可以這樣，讓我錯怪了連格！」卡蓮**怒不可遏**。

「我是為你好呀。」卡莫還想辯解，最後卻說，「算了，連格已人間蒸發，再說也沒用了。」說罷，他就搖搖頭走開了。

「沒想到……沒想到爸爸他竟然……」卡蓮雙手掩臉，伏在美蒂絲肩膀上**抽泣**起來。

美蒂絲遞了個眼色，夏洛克意會，知道媽媽要安慰卡蓮，就留下小虎妹，拉着猩仔走開了。兩人目睹剛才的情景，都感到有點**意志消沉**，只好默不作聲地回到教堂，一起坐在最角落的長椅上，等待婚禮的開始。

這時，一個**身形修長**的年輕男子在門外**探頭探腦**地張望，當他注意到猩仔的裝扮時，就走過來問：「咦？小弟弟，你是花童吧？怎麼在這裏**愁眉苦臉**的，婚禮馬上開始了，不用去準備嗎？」

「早已準備好了，沒想到新娘子跟她的爸爸**大吵一頓**，真掃興！」猩仔**毫不掩飾**地說。

「吵架？為甚麼會吵架？」男子追問。

「當然是為了——」猩仔說到這裏連忙打住，他瞅了男子一眼說，「喂！你是甚麼人？問這問那的，想打聽甚麼？」

「啊……抱歉，忘了自我介紹。」男子尷尬地笑道，「我叫艾連拿，是這所教堂的畫師。」

「啊？」夏洛克**眼前一亮**，「難道這裏的壁畫就是你畫的？」

「是的。」

「太厲害了，壁畫很漂亮啊。」

「過獎了，我只是把心中所想都畫出來罷了。」艾連拿謙虛地說。

「不過，有一幅好像還未完成呢。」

「未完成？你指的是？」

「像一道拱門那幅呀，中間**空洞洞**的，不是未完成嗎？」

「不，已經完成了。那幅壁畫代表着我**最珍重的回憶**，在適當的時候，它的全貌就會顯現。」艾連拿搔了搔頭，露出了本來**被頭髮覆蓋着的耳朵**，「對了……剛才你們說新娘子跟她父親吵架了，為的是？」

忽然，夏洛克注意到艾連拿的耳朵，心中不禁閃過**一絲懷疑**。

「喂，人家吵架與你何干？」猩仔警探上身，不客氣地問道，「你究竟想打探甚麼？」

「這……這個嘛……」艾連拿**吞吞吐吐**地說，「我……只是好奇，在結婚的大日子，怎會兩父女吵起架來罷了。」

「真的是這樣嗎？」夏洛克眼底閃過一下**凌厲的目光**，緊盯着艾連拿問道。

「啊……」艾連拿慌忙避開他的目光，說，「對了，我給你們弄杯**熱牛奶**吧。卡蓮……新娘子最喜歡熱牛奶了，喝過後心情應該會平伏一點。」

夏洛克聽到他這樣說後，沉默了一會，然後走到最近的一幅壁畫前，摸着壁畫上的簽名說：「aLINa……這是你的簽名？」

「是的，這是筆名，很古怪嗎？」艾連拿笑道。

「不，我只是在想……難道你的真名叫**連格**？」

「甚麼？」

「這個筆名看起來與卡蓮有關。」夏洛克以試探的眼神望着艾連拿。

「你在說甚麼呀？」猩仔不明所以。

「你不覺得aLINa，跟卡蓮（Kalin）及連格（Lingard）的串法有甚麼關係嗎？」夏洛克說。

聞言，艾連拿驚訝得瞪大了眼睛。

「a……LIN……a，從這個筆名可看得出，你其實仍惦記着卡蓮小姐。」夏洛克說。

「你……你想多了。我只是覺得筆名前後都用……**細楷**比較有趣罷了。」艾連拿**期期艾艾**地解釋。

「剛才你不自覺地說出了卡蓮小姐的名字。如果你不認識她，為何又會知道她的名字呢？」

艾連拿這個筆名只是簡單的文字組合。不明白如何組合的話，請翻到第28頁看答案吧。

「我是這裏的畫師，當然會留意新娘子的名字呀。」艾連拿口中雖然這樣說，但兩眼卻不敢直視夏洛克。

「熱牛奶呢？你怎會知道卡蓮小姐喝熱牛奶就能平伏心情？」夏洛克問得一針見血。

「這……這個……」

「你的耳朵缺了一角，是小時候摔傷造成的吧？連格先生。」夏洛克以平淡的語氣作出最後一擊。

謎題②：
夏洛克為甚麼會覺得艾連拿（aLINa）有可能是連格呢？

連格被問得**啞口無言**，他深呼吸了一下，終於坦白地答道：「你說得沒錯，我就是**連格**。」

「你就是連格！」猩仔驚叫。

「不要那麼大聲啊。」連格慌了，「希望你們替我**保守秘密**，不要告訴卡蓮。」

「連格先生，我有些事不明白。」夏洛克問，「你既然要離開卡蓮小姐，為甚麼又在明信片上**暗藏愛的訊息**呢？」

「啊……這個秘密也給你發現了？其實，我是在卡蓮父親的**要脅**下，才在明信片上叫卡蓮不要找我的。但……我心底裏還很愛卡蓮。所以，就以**藤蔓**來暗示了。」

「哎呀，你們這些大人真麻煩啊！」猩仔看不過眼，「仍愛着一個人就該直接說呀！就像我喜歡夏洛克當我手下一樣，馬上就把他**招攬**了，哪用**拐彎抹角**的！」

「不是每個人都像你那樣**厚臉皮**的啊！」夏洛克沒好氣地說。

「哈哈！厚臉皮是我的其中一個**特異功能**啊！不過說起來，在

特異功能中，我的**拉屎功**排第一呢！」猩仔說到這裏，突然想起甚麼似的問，「對了，卡莫先生說你的父親是個罪犯，那是真的嗎？」

「是真的。不過，家父當上牧師時已**洗心革面**。他得知我被要脅後，更主動向警方**自首**。因為給教堂添了麻煩，我就留下來替教堂工作，以作**補償**了。」連格望着壁畫說。

「是這樣嗎？那就簡單啦！去找卡蓮小姐吧！把真相**一五一十**告訴她。哇哈哈，**大團圓結局**了！**大團圓結局**了！」猩仔興奮地說着，拉着連格就走。

「不、不、不！」連格慌忙甩開猩仔的手，語帶**苦澀**地說，「我已拋棄卡蓮這麼久，實在沒資格再出現在她的面前。而且……她不是已經找到**歸宿**嗎？我不能破壞她的婚事。」

「可是……」夏洛克總覺得連格應該當面表白，但又不知道該如何勸說。

這時，教堂的鐘聲響起，令連格赫然一驚。

「婚禮快要舉行了。我實在沒勇氣看着卡蓮**宣誓**。拜託，請保守秘密，以免影響她的心情。再見！」說完，連格就急急往大門走去。

「猩仔，那個是甚麼人？怎麼他的身影有點**眼熟**？」剛好小虎妹走了過來，看着連格遠去的背影說。

「身影？你說我的身影嗎？哈哈哈，我的身影當然好看啦！」猩仔趕忙**假笑幾聲**，掩飾自己的慌亂。

「誰說你的身影，我是說剛走出門口那個人呀。」

「那人是個畫家，這教堂壁畫就是他畫的。」夏洛克衝口而出，「他其實是——」

「他其實是個**老畫家**，哈哈哈，很老的，起碼有60歲。不，是70歲。哈哈哈！」猩仔慌忙搶道，制止夏洛克說下去。

「是嗎？我也想見見那位**老人家**呢。」這時，與美蒂絲一起走過來的卡蓮聽到三人的對話，就插嘴說道，「這些壁畫……不知怎的……總讓我有種**莫名的親切感**。」

看樣子，卡蓮的心情已經平伏了許多。不過，夏洛克仍看到她臉上那兩行**隱隱約約的淚痕**。

「猩仔，不要為他隱瞞了，我們還是把真相說出來吧。」老實的夏洛克已**按捺不住**，**毅然決然**地說。

「隱瞞？隱瞞甚麼？」美蒂絲問。

「那個畫家不是甚麼老人，是連格，壁畫都是連格畫的。」

「甚麼？連格畫的？」卡蓮驚訝萬分。

「連格還說，那邊像一道拱門似的壁畫，是他最**珍重的回憶**。」夏洛克指着那幅壁畫說，「不過，我看不出是甚麼。或許，你能看得出吧。」

卡蓮凝神地望着那壁畫一會，卻搖搖頭說：「那是甚麼呢？我也看不出來啊。」

就在這時，**一縷陽光**透過彩繪玻璃照射到牆上，整面牆壁頓時變得色彩斑斕，玻璃窗的窗框在牆上形成了黑影，而那黑影竟漸漸化作一對**人影**。原本壁畫上的拱門，就像被**萬紫千紅**的花瓣包圍着一樣，添上了各種色彩。最終……更逐漸幻化成一架**鞦韆**，一架美得**令人心醉的鞦韆**。

「這……嗚……嗚……這是……」卡蓮瞬間**化作淚人**。

壁畫與彩繪玻璃的映照下，融合成一幅全新的畫，描繪出**一對男女**坐在鞦韆望向日落的情景。只有卡蓮才明白，這是當年連格向她求婚時的情景。

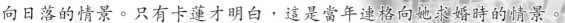

「你願意嫁給我嗎？」

「除了繪畫之外，我沒有其他技能。但我會把我們美好的回憶全部畫出來，讓它們一直留存後世。就像我對你的愛

一樣，再過百年、再過千年都會繼續留存下去。」

連格當年的情話，在卡蓮腦海中不斷回響。

「連格！」卡蓮不顧拖着長長的婚紗，直往教堂外面奔去。

賓客們紛紛向她投以**詭異的目光**，但她沒有理會，只是不斷地叫道：「連格！連格你在哪兒？」

奔呀奔！卡蓮**不顧一切**的狂奔，但長長的婚紗讓她突然失去平衡，令她直往地面摔去！然而，就在那一剎那，一個身影從人羣中衝出來，一手把她扶住。

「你沒事吧？」

卡蓮抬頭一看，一眼就認出了扶住她的人就是連格。

「連格！你為甚麼要避開我？」

「我沒資格再見你了。」

「我看到那幅壁畫了，你還愛我吧？」

「由認識你那一天開始，從來沒有一刻不愛你。」

「現在也是？」

「現在也是。只是錯過的時光，已經不能再回頭。」連格**眼泛淚光**，

「你已經找到新的對象，我只能默默地祝福。我會像那幅壁畫一樣，把與你一起的美好回憶，好好埋藏在心裏。」

卡蓮聽到後無言地落淚。

就在這時，卡蓮的老父卡莫**怒氣沖沖**地從人羣中走出來，他指着連格**劈頭就罵**：「臭小子，你還來這裏幹嗎？想破壞卡蓮的婚禮嗎？」

「我⋯⋯」連格不知如何回答。

「爸爸！」卡蓮一步搶前，怒瞪着自己的父親

説，「我知道一切都是你搞出來的！你為了**攀附有錢人**，就要我嫁給富商！我現在要與你脫離父女關係！再見！」

說完，卡蓮拉着連格轉身就走。

「不准走！你給我站住！」卡莫慌忙追過去。

然而，卡蓮猛然脫掉長長的婚紗，又把腳上的高跟鞋一甩，然後頭也不回地抓住連格的手**拔足狂奔**。

「不准走！給我抓住他們！」卡莫邊叫邊追。

夏洛克見狀馬上推了猩仔一下，猩仔意會，他用力一蹬，故意左腳絆着右腳似的飛身往卡莫撲了過去！

「哎唷！我摔倒了！」猩仔**裝模作樣**地抱着卡莫雙腿不放。

「哇呀！」卡莫「**嘭**」的一下摔倒在地上。

「啊！」賓客們驚呼四起，全部都被這**突如其來**的場面嚇得**目瞪口呆**。

這時，夏洛克看到卡蓮與連格已手拉着手遠去，並在街角消失了。他的媽媽美蒂絲在賓客中向他遞了個眼色，也急急地往那個街角走去。他知道，媽媽是去追卡蓮和連格，並且會幫助這對曾經分離的愛侶**踏上新的旅程**。

賓客散去後，卡莫只好**垂頭喪氣**地走去向男家解釋。

猩仔和夏洛克就像破了一起大案似的，意氣風發地準備離開。突然，不知何時已消失了的小虎妹「**嗖**」地攔在猩仔前面。

猩仔定睛一看，只見她手上還拿着那根**嚇人的雞毛帚**。

「哇！你想怎樣？」猩仔慌忙立正，「婚禮都取消了，仍要彩排嗎？」

「不是彩排啦。」小虎妹溫柔地說，「你剛才不是摔倒了嗎？我只是想幫你**撣一撣**你身上的灰塵罷了。」說完，她舉起雞毛帚，就往猩仔身上打去。

「**哇哇哇，好痛！**」

「忍一忍吧，要大力一點才能把灰塵撣乾淨呀！」小虎妹說完，又手起刀落，「**啪**」的一聲打下去。

「不要呀！我不用你幫我撣灰塵呀！」猩仔大叫一聲慌忙逃走。

「不要走！還未撣乾淨呀！」小虎妹邊追邊打，**死咬不放**。

夏洛克看着這對**歡喜冤家**遠去的身影，不禁**哈哈大笑**起來。

解謎篇

謎題①

畫中的綠色的樹枝可看成「2I < 6U」。當寫成算式計算的話，就會得出「I<3U」，也就是「I♡U」，即「I LOVE YOU」的意思。

$$2I < 6U \Rightarrow I < \frac{6}{2}U \Rightarrow I < 3U$$

$$I ♡ U \Rightarrow I\ LOVE\ U$$

謎題②

除了從連格的耳朵看出端倪外，夏洛克也在意為何艾連拿簽名「aLINa」的首尾「a」都是細楷。因為，卡蓮英文名的寫法為「Kalin」；而連格英文名的寫法為「Lingard」。「a」和「lin」都是兩個人名共通的英文字母，分別只是一個「a」在前，一個「a」在後。所以，夏洛克就懷疑「aLINa」這個筆名與卡蓮和連格兩人有關，也暗藏着連格對卡蓮的愛意了。

大偵探轉轉小劇場

巧手工坊

大家有為近代醫學發展感到驚訝嗎？來看看福爾摩斯他們多害怕華生拿起針筒，追着他們跑吧！

親子

掃描 QR Code 進入正文社 YouTube頻道，可觀看製作短片。

所需材料

P.31、33紙樣

漿糊筆

美工刀

*使用利器時，須由家長陪同。

製作難度：★★★☆☆
製作時間：45分鐘

製作盒子

① 切開盒蓋的放映窗口。

② 盒蓋沿虛線內摺。

③ 黏好四角，摺成盒子的形狀。

④ 摺起紙托，黏在盒蓋背面。

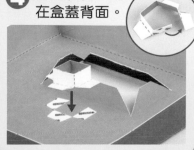

⑤ 切開盒底中間方形，黏好頂部。

⑥ 把盒底黏在盒蓋底部內側。

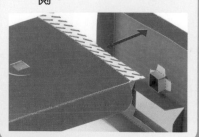

29

製作轉盤

① 剪下圓盤，切開中間方形。

② 摺起方形軸，兩邊向外摺，黏好。

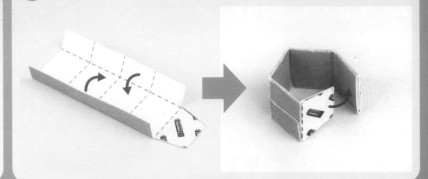

③ 摺起黏好六角形軸。

④ 捲起支撐紙條。

⑤ 把圓盤套在方形軸外，再把六角形軸及支撐紙條套入方形軸中。

⑥ 把招牌黏在盒蓋頂部。

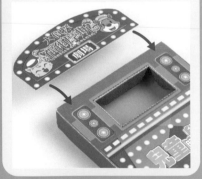

⑦ 把轉盤放到盒子的紙托中，合上盒子。

⑧ 轉動中軸，就能看到福爾摩斯他們動了！

完成！

也在可在空白轉盤畫上喜歡的角色故事。

盒蓋

塗漿糊處

沿實線剪下

沿虛線摺

開孔處

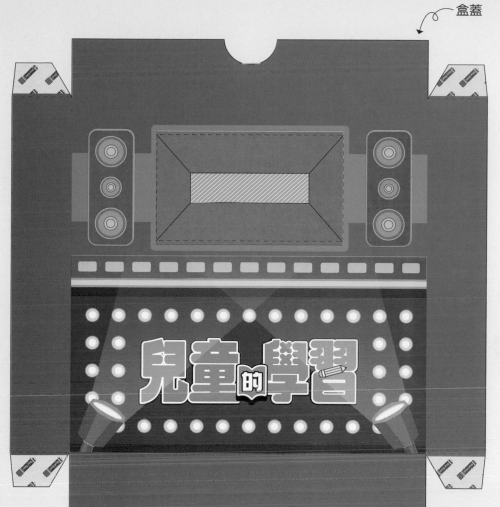

方形軸

兒童的學習

紙托

圓盤

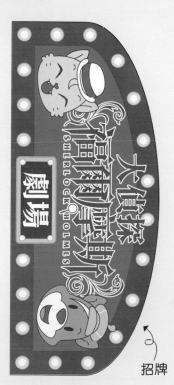

SHERLOCK HOLMES

大偵探福爾摩斯

劇場

招牌

31

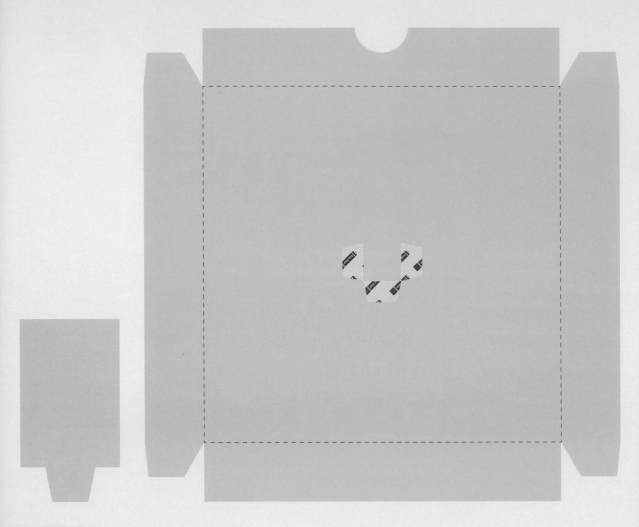

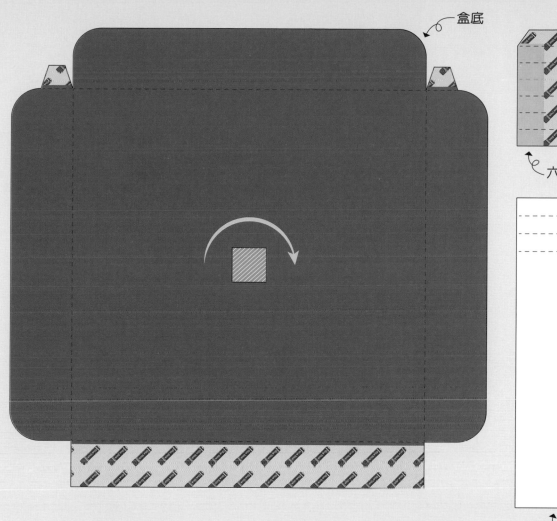
盒底

六角形軸

紙條

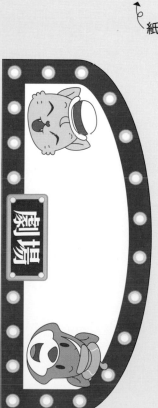

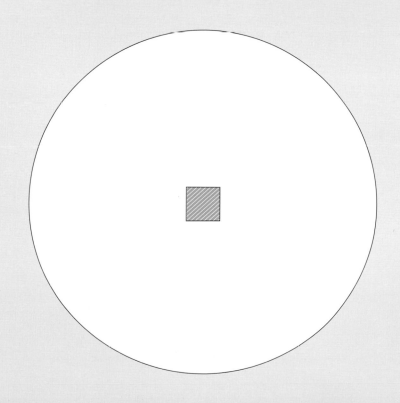

大家有參加過婚宴，跟猩仔一樣當過花童或花女嗎？大家在看感人的故事之餘，也要留意當中的成語啊！

栩栩如生

形容生動得像活着的一樣，多指畫作及雕塑。

不一刻，他們已走到教堂的前面。

「好多賓客呢。」兩人跟隨着賓客穿過掛着華麗花鐘的拱門，走進了教堂。首先映入眼簾的是一幅又一幅壯麗的壁畫，**栩栩如生**地繪畫着一眾翩翩起舞的天使，令人倍覺溫馨。

這時，陽光正透過彩繪玻璃射進教堂內，讓地板和牆壁都染上了絢爛的色彩，讓人仿如置身於夢幻世界一樣。

帶有疊字的成語有很多，你懂得用「姍姍、喋喋、沾沾、井井」來完成以下成語嗎？

☐☐ 不休
一直不停説話。

☐☐ 來遲
走路緩慢，現多指別人遲到。

☐☐ 有條
整齊有條理。

☐☐ 自喜
輕浮自滿的樣子。

與「言」字有關的成語很多，以下五個全部被分成兩組並調亂了位置，你能畫上線把它們連接起來嗎？

流言 •　　• 慎行
謹言 •　　• 意賅
言而 •　　• 寡言
沉默 •　　• 蜚語
言簡 •　　• 有信

出言不遜

「爸爸！」突然，眾人身後響起了一下叫聲。他們回過頭看去，只見卡蓮和美蒂絲站在小房子的門外。

「爸爸！」卡蓮激動地説，「連格雖然拋棄了我，但你不應**出言不遜**，説他出身低賤！」

「卡蓮，你別激動。」卡莫勉強堆起笑臉，「今天是你出嫁的日子，我們不要再提起那些不愉快的事了。」

形容説話不客氣，沒有禮貌。

怒不可遏

形容非常憤怒，到了無法抑制的地步。

被卡蓮這麼一説，卡莫有點慌了，連忙説：「我……我這樣做也是為你好呀。有其父必有其子，你跟那罪犯的兒子一起，只會誤了你的人生啊！」

「太過分了！你怎可以這樣，讓我錯怪了連格！」卡蓮**怒不可遏**。

「我是為你好呀。」卡莫還想辯解，最後卻説，「連格已人間蒸發，再説也沒有用了。」説罷，他搖搖頭就走開了。

右面兩個以圖畫表達的成語都與心情有關，你能猜到是甚麼嗎？

❶ ＿＿＿＿怒＿＿＿＿

❷ ＿＿＿怒＿＿＿

洗心革面

從心底裏悔改，重新做人。

「哈哈！厚臉皮是我的其中一個特異功能啊！不過説起來，在特異功能中，我的拉屎功排第一呢！」狸仔説到這裏，突然想起甚麼似的問，「對了，卡莫先生説你的父親是個罪犯，那是真的嗎？」

「是真的。不過，家父當上牧師時已**洗心革面**。他得知我被要脅後，更主動向警方自首。因為給教堂添了麻煩，我就留下來替教堂工作，以作補償。」連格望着壁畫説。

右面的字由四個四字成語分拆而成，每個成語都包含了「洗心革面」的其中一個字，你懂得把它們還原嗎？

洗　苦　楚　如
履　心　西　貧
裝　口　革　歌
一　四　婆　面

＿＿＿＿＿＿＿＿
＿＿＿＿＿＿＿＿
＿＿＿＿＿＿＿＿
＿＿＿＿＿＿＿＿

簡易小廚神

拿破崙通心粉

通識　親子

說到通心粉你只想到清淡的火腿湯通心粉？其實通心粉的煮法有很多變化，不放湯，也可以用來炒，惹味又開胃呢！

掃描 QR Code 進入正文社 YouTube 頻道，可觀看製作短片。

用回意大利粉代替通心粉，做法也一樣呢！

製作難度：★★☆☆☆
製作時間：約 40 分鐘

所需材料

材料

青甜椒 $\frac{1}{4}$ 個　洋蔥 $\frac{1}{4}$ 個

火腿 2 片　黃甜椒 $\frac{1}{4}$ 個　蘑菇 3 粒　通心粉 200g

調味料

芝士碎 適量　鹽 適量　喼汁 1 湯匙

胡椒粉 適量　無鹽牛油 1 湯匙　茄汁 3 湯匙

 洋蔥去皮後，連同火腿及兩種甜椒一同切粒。

*使用利器時，須由家長陪同。

 蘑菇用乾布抹淨後切粒。

*①考考你：蘑菇不用清洗嗎？

3 煮沸水，下一茶匙油及鹽，放入通心粉煮（按包裝袋建議時間減2分鐘），撈起瀝乾備用。

*使用爐具時，須由家長陪同。

4 將茄汁及喼汁混合。

*②考考你：如果沒有喼汁可以用甚麼代替？

5 熱鑊下油，放入洋蔥炒至軟身。

6 加入蘑菇及火腿同炒，下適量鹽及胡椒粉調味。

7 加入兩種甜椒同炒，及一半做法❹醬汁調味。

8 加入通心粉，及剩餘的一半醬汁和牛油炒勻。

9 盛起，灑芝士碎。

完成！

用火腿、香腸或煙肉也可以啊！

拿破崙意粉是日本菜？

這次做的拿破崙通心粉，它的原形是拿破崙意粉，是一道很家常的菜式，但並非源自意大利或法國，而是日本。

據說二次大戰中日本戰敗，美軍進駐，美國將軍麥克阿瑟入住日本一酒店，總廚為免得失將軍，便參照美軍軍糧中的茄汁意粉煮法，加入新鮮番茄、煙肉、蘑菇製作，其後被日本餐廳爭相仿效。由於這道菜材料跟意大利拿玻里意粉（Spaghetti Napolitan）相似，便音譯成「拿破崙意粉」。

答案：
①中式的包菜如番茄醬、辣椒醬、蠔油等，或許在某菜過程中加入醬油、茄汁及水煮，用蕃茄醬加蒜頭也可。
②可以用上兩小匙的糖或蜜糖及適量的水混和作代替。

39

食物 Quiz

我們每天進食不同食物，但對食的認識有多深？來做做以下的題目，看看自己答對多少吧！

通識

Quiz 1 壽司小知識

一碟兩件的壽司

在日本的江戶時代，壽司的大小幾乎是現在壽司的兩倍，加上面頭鋪了魚生，又要蘸醬油，吃起來甚不方便。

手握壽司創始人華屋與兵衛逐將之改良，造成容易進食的一口大小，但要維持分量不變，加上日本人認為一對的物件較有美感，故便製成兩件。

怎樣吃壽司最滋味？

將壽司夾起，反轉，讓魚生一面蘸點醬油，再放進嘴裏品嚐。讓味蕾接觸魚生，可直接感受其鮮味。如果覺得困難，將壽司側放進口中品嚐也可以。

反轉　　打側

Quiz 2 這些日本食物是甚麼？

親子丼 •	• 雜錦燒餅
竹　輪 •	• 紅豆年糕湯
善　哉 •	• 豬肉 / 牛肉滑蛋飯
他人丼 •	• 魚板
御好燒 •	• 雞肉滑蛋飯
鳴門卷 •	• 魚肉卷

40

解說

親子丼 / 他人丼：親子丼主要材料是雞肉和雞蛋，所以稱為「親子」。雞肉以外的其他肉類跟雞蛋沒有關聯，故稱「他人」。

竹輪：呈空心圓柱狀，表面有皺紋，中間呈啡色。常用於關東煮、日式火鍋等。

善哉：日式傳統甜品，指加入了小年糕的紅豆湯。相傳一休禪師吃過弟子煮的紅豆湯，美味得大呼「善哉」，遂得此名。

御好燒：日本地道燒餅，詳細介紹可參閱上期《兒童的學習》的「簡易小廚神」。

鳴門卷：外形呈漩渦狀，外面白色，中間粉紅色。以魚漿加入蛋清及鹽，再進行定型。

Quiz 3 名不副實的食物③

餐牌上的菜名很有趣呀，你看！

螞蟻上樹？賽螃蟹？甚麼來的？

不會真的是用螞蟻入饌吧！

放心，螞蟻其實是肉碎，但賽螃蟹就沒有蟹了。

我還聽過紅燒獅子頭啊！

不會真的燒獅子的頭吧？

螞蟻、獅子是食材？

螞蟻上樹：中國傳統川菜，實質是以肉碎、粉絲加豆瓣醬炒成，味道鹹香微辣。因為肉碎黏附在粉絲上，就像螞蟻在樹枝上爬行，故此得名。

賽螃蟹：著名北京菜，相傳慈禧太后某天想吃螃蟹，但由於宮中沒有螃蟹，御廚便以蛋白混入魚肉作菜，無論質感和味道都跟蟹肉很相似。此菜式傳至上海並發揚光大，更加入蛋黃蓉或紅蘿蔔碎模仿蟹黃，並以鎮江醋提升「蟹肉」鮮味。

photo credit:
Ewan Munro

紅燒獅子頭：亦稱「四喜丸子」。相傳隋煬帝下揚州後回宮，命令御廚以當地象牙林、金錢燉、萬松山及葵花崗四景為題製作菜餚，其中一道為葵花斬肉，巨大的肉糰猶如獅子的頭，故名。此菜用來紅燒、清蒸或清燉也可。

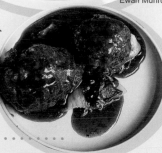

一言既出，駟馬難追

由兩句組成的成語及諺語很多，大家知道多少呢？

先看看這個例子吧！

「我其實是個冒牌法醫，真正身份是私家偵探，常常為無辜的犯人翻案，警探都很討厭我。」桑代克笑道，「我去報警的話，他們肯定會找我麻煩。所以，你們不要透露我的身份，也不要來找我。有緣的話，我們一定會再次相遇的！」

「嗯，我明白了。」夏洛克頷首。

「猩仔，別忘記你抽中的是『NO』啊。」桑代克說完，轉身就走。

「桑代克先生，一言既出，駟馬難追！」猩仔向桑代克的背影叫道，「我一定會遵守約定的！」

「後會有期！」桑代克背着他們揮一揮手，就在街角消失了。

節錄自《大偵探福爾摩斯㊽少年福爾摩斯》

四隻馬和兩隻馬

指說了出口的話，就算用四隻馬拉的馬車也追不到，無法收回。

在未有汽車前，人們會騎在馬上，還會用馬拉車。馬是人們非常重要的交通工具，關於馬的字也有很多。

駟（音：肆）

指四隻馬，或四隻馬拉的馬車。

結駟連騎

四隻馬拉的馬車並排而行，形容排場盛大。

駢（音：便，便宜的便字發音）

指兩隻馬並駕齊驅。

車馬駢闐

很多馬車聚集，場面非常熱鬧。

駢文

又名四六文，漢朝及初唐盛行的文體。文章以四字及六字的句子組成，着重對仗及押韻。

42

八字成語

有些成語由八個字組成，通常前後兩句的詞性和形式都會很相似。

一 → 數量詞 → 駟馬
言 → 名詞 → 馬
既 → 副詞／形容詞 → 難
出 → 動詞 → 追

咦？「既」字和「難」字不同啊！

對，不一定要完全相同的。

一夫當關，萬夫莫敵

(1) 形容要塞地勢險要，敵人難以攻入。
(2) 形容將士勇猛，有以一敵百的氣勢。

失之東隅，收之桑榆

太陽在東邊升起，所以東隅指日出；桑榆則是日落照到的地方。意思是在一個地方失敗了，也會在另一地方取得成就。

考考你！

① 兵來將擋 • • 用在一朝
② 兵馬不動 • • 水來土掩
③ 養兵千日 • • 糧草先行

❶ 左面的三個八字成語被分拆成兩部分，你能把它們配對起來嗎？

❷ 你知道下面三個解釋分別是指哪個成語嗎？
Ⓐ 事前作好計劃和準備。
Ⓑ 平日儲備力量，以便在必要時能利用。
Ⓒ 按實際面對的情況，作出措施來應對。

答案：❶ ① 兵來將擋，水來土掩 ② 兵馬不動，糧草先行 ③ 養兵千日，用在一朝 ❷ Ⓐ-② Ⓑ-③ Ⓒ-①

SHERLOCK HOLMES
大偵探福爾摩斯

The Blanched Soldier ⑧

Author: Lai Ho

Illustrator: Yu Yuen Wong

Translator: Maria Kan

Sherlock Holmes
London's most famous private detective. He is an expert in analytical observation with a wealth of knowledge. He is also skilled in both martial arts and the violin.

Watson
Holmes's most dependable crime-investigating partner. A former military doctor, he is kind and helpful when help is needed.

Previously : War veteran Godfrey and private investigator Harp had both gone missing one after another. Holmes took on the case and successfully figured out that Godfrey had been hiding from the world because Godfrey had contracted an incurable disease. Right at the moment of the big reveal, the Scotland Yard detective duo arrived at the Emsworth estate with Harp's cane in their hands…

前文提要：退役軍人葛菲和私家偵探夏普連環失蹤，接到委託的福爾摩斯出手調查，成功找到患上不治之症而躲藏起來的葛菲。此時，孖寶拿着夏普的手杖來到大宅……

Harp's Cane ② 夏普的手杖②

"You bad dog! Don't you dare take away my weapon!" shouted Fox angrily at Rocky, refusing to let go of the cane. The deadly chase had now turned into a *tug of war*, but the dog was much stronger than the man. One swift jerk from the dog and Fox instantly lost his grip on the cane.

「可惡！竟想奪我的武器！」狐格森大罵，死抓住手杖不放，像拔河似的與洛奇鬥力。可是，還是洛奇的力氣大，牠掉頭用力一扯，就把手杖拉下來了。

"You daft fool! Don't let the dog take away our material evidence!" yelled Gorilla.

「哎呀！傻瓜！怎可以讓牠搶走我們的證物！」李大猩又罵又叫。

Glossary tug of war (名) 拔河比賽

44

"What? Material evidence?" Holmes ran over to Gorilla and asked, "Are you saying that cane is material evidence?"

「甚麼？證物？」福爾摩斯眼前一亮，連忙跑過去捉住李大猩問道，「你說那枝手杖是證物嗎？甚麼意思？」

"Why are you here? Have you come here to look for Harp too?" Gorilla was too busy dealing with the fierce black dog earlier that he did not notice Holmes was also on the estate until now.

「怎麼你也來了？難道你也是來找夏普的？」李大猩剛才忙着應付黑狗的攻擊，沒有注意到福爾摩斯的存在。

"I'll tell you later. Please answer my question first," said Holmes impatiently

「這個我慢慢解釋，先回答我的問題。」福爾摩斯焦急地道。

Fox had also run over to Holmes at this time. In between catching his breath, he said to Holmes, "That is Harp's cane. Someone had sent it to Harp's secretary, asking her to bring along the cane and meet in the woods if she wanted to know the whereabouts of Harp."

這時，狐格森也趕過來了，他上氣不接下氣地說：「那是夏普的手杖，有人把它寄給夏普的秘書，還命她帶同手杖來作記認，到這附近的樹林會面，說可以告知夏普的下落。」

"Harp's secretary was afraid that this meeting might be risky and dangerous, so she came to us for help," added Gorilla. "We went to the woods earlier following the map that was drawn by the sender, but we didn't see anyone in the woods. Now we're here to see Colonel Emsworth. According to Harp's secretary, the last thing Harp told her before he went missing was that he had come here to investigate…"

「不過，夏普的秘書恐防有詐，就跑來找我們幫忙了。」李大猩補充，「剛才我們依照寄信人繪畫的地圖去過樹林了，可是並沒有人出現。於是，我們就來這裏找埃姆斯威上校。夏普的秘書說過，她的老闆是為了來這裏調查一宗案子而——」

"Woof, woof, woof!" Rocky's barks cut off Gorilla in mid-sentence. Turning his head towards the direction of the barks, Holmes could see Rocky approaching them with the cane between its jaws. The dog ran to Ralph then dropped the cane on the ground in front of its master while wagging its tail with all its might.

「汪汪汪！」幾下吠聲打斷了李大猩的說話。福爾摩斯轉身往聲音來處看去，只見跑遠了的黑狗銜着手杖走回來了。牠走到老僕人拉爾夫身邊，把手杖丟在主人跟前，然後拚命地搖起尾巴來。

Watching the interaction between the dog and its owner, Holmes let out a *shrewd* chuckle and said, "Perhaps we will be able to locate Harp very soon."

看到洛奇的這個動作，福爾摩斯臉上閃過一下冷笑：「嘿嘿嘿，看來我們很快就會找到夏普了。」

Glossary shrewd (形) 狡猾的

Both Gorilla and Fox were deeply confused. They did not understand what our great detective mcant by that utterance.

李大猩和狐格森一臉茫然，他們並不知道我們的大偵探在說甚麼。

Holmes walked over to Ralph and said, "Please tell us where is that private detective named Harp."

福爾摩斯走到拉爾夫面前，問道：「那個叫夏普的私家偵探在甚麼地方，說吧。」

From the look in Ralph's eyes, Holmes's sudden inquiry had clearly thrown Ralph into a slight panic, but Ralph quickly gathered his *composure* and said to Holmes, "I'm sorry, but I don't know what you are talking about. Who is Harp?"

拉爾大眼裏掠過一下驚惶，但馬上回復鎮靜說：「你究竟在說甚麼？甚麼夏普？」

"Please drop the *pretence*!" Holmes pointed at the cane on the ground and said, "That cane belongs to Harp. Your dog chased after the cane as

soon as it saw the cane, which meant it had seen Harp and the cane before. Your dog brought the cane to you then wagged its tail and waited for its reward, which meant you had also seen Harp before, and probably did something horrible to Harp too!"

「別裝糊塗！」福爾摩斯指着地上的手杖說，「那枝手杖是夏普的，洛奇一看到手杖就發狂似的爭奪，證明牠見過夏普，也見過那枝手杖。牠把手杖交給你後擺尾邀功，證明你也見過夏普，而且曾經對他不利！」

"I don't understand what you mean. I don't know any man named Harp," denied Ralph fervently but his eyes were shifting unsteadily. Ralph was obviously guilty of something.

「我不懂你在說甚麼？我不認識甚麼夏普。」拉爾夫死口不認，但眼神卻游移不定，顯得心中有鬼。

"What is going on? What are you talking about?" asked the <u>oblivious</u> old colonel.

「究竟是甚麼回事？你們在說甚麼？」老上校好像毫不知情地問道。

Right at that moment, Watson and Godfrey stepped out of the small house. The group's attention quickly switched over to Watson.

就在這時，華生和葛菲推門出來了。霎時，眾人的目光都落在華生身上。

Glossary ‹ oblivious (形) 蒙在鼓裏的

Watson walked towards the old colonel with a gentle smile on his face and said, "Usually, under these circumstances, I would be bringing bad news to the patient's family. But this time is different. I have good news for you, sir. What Godfrey has is **ichthyosis**, not leprosy. **symptoms** of both conditions are similar, which is why **diagnosis** could often be mixed up sometimes."

華生走近老上校，帶着微笑說：「在通常的情況下，我都是向病人家屬公佈壞消息，但這次不同，我會給你一個好消息，葛菲患的是魚鱗癬，並不是痲風病。兩者的病徵很相似，常常被人混淆。」

"Really?" Colonel Emsworth, Dodd and Ralph were all pleasantly surprised.

They could not believe their ears and were stunned speechless. Dodd was the first to shift his reaction from shock to joy. He leapt towards Godfrey at once and gave his best mate a hearty bear bug.

「甚麼？」老上校、多德和老僕人拉爾夫不約而同地驚呼，他們都不敢相信自己的耳朵，登時呆在當場。但多德迅即由驚訝變成大喜，他一撲而上，與葛菲激動地相擁在一起。

Everyone was moved by Dodd and Godfrey's long-awaited, happy reunion.

眾人看到這個情景，都深受感動。

However, a terrifying cry also sounded from the group all of a sudden.

然而，就在這時，一陣可怕的哀鳴響起。

Glossary ichthyosis (醫學名) 魚鱗癬　symptom(s) (名) 症狀　diagnosis (名) 診斷

"Oh no…! Oh no…!"

「啊……！啊……！啊……！啊……！」

As though the cries were coming from the depths of hell, the hoarse voice uttering the cries was filled with immense guilt and sorrow.

那沙啞的叫聲，仿似從地獄的深淵傳來，充滿了內疚和悲痛。

"What is it, Ralph? Are you alright?" Godfrey was taken aback from the old butler's sudden lamenting cries.

「怎麼了？拉爾夫，你怎麼了？」葛菲被老僕人那突如其來的哀呼嚇了一跳。

"Harp… His name was Harp? We're so stupid. Young master Godfrey is not a leper… We killed him for no reason… We killed an innocent man…" muttered Ralph as he recounted the happenings of that night.

「夏普……原來他叫夏普嗎？我們太愚蠢了，原來葛菲少爺患的不是痲風病……我們竟為一個愚蠢的理由害死了他……我們害死了一個無辜的人……」拉爾夫喃喃自語般道出了事發當晚的經過。

That day was the 6th of February. A man from London checked into a hotel near the local train station. The man went to ask the hotel's owner, Juniper, for information on Godfrey and the colonel's home. Juniper found the man suspicious, so he went to his good friend Gordon to discuss the matter. Gordon was a pub owner, and it turned out the man had also gone into his pub and asked many questions before checking into the hotel. So both Juniper and Gordon were pretty sure that the man was a private detective.

那天是2月6日，一個從倫敦來的男人住進了火車站附近的旅館，還向旅館掌櫃朱利伯打聽上校家的情況和葛菲的消息。朱利伯覺得可疑，就去找好朋友喬丹商量對策。喬丹是一間酒吧的老闆，原來那人去旅館之前，已去過酒吧問這問那，看來是個私家偵探。

With a bad feeling about this visitor, Juniper and Gordon came to me to discuss how we should handle the situation. Those two already knew about young master Godfrey's unfortunate infection of leprosy. In a small town like this, no secrets could be kept for long. Everyone in this town knows about Godfrey's illness, but we have all made a **tacit pact** to keep this secret to ourselves and not utter a word to outsiders, because everyone has great respect for the colonel. We are all **indebted** to his immense generosity one way or another.

兩人愈想就愈感到不妙，於是馬上跑來找我商量如何應對。其實，他們兩人早已得悉葛菲少爺患了痲瘋病。我們這裏只是一個小地方，沒有甚麼秘密逃得過大家的耳目。所以，鎮上的人都知道葛菲少爺患病的事，但大家都受過上校的恩惠，也很敬重他，所以對此事守口如瓶，絕不對外人說。

There is also another reason why we do not wish for this secret to be exposed. As you probably already know, this small town's economy is mainly supported by tourism. Many visitors come here during hunting season between summer and autumn. If word spreads out that there is a leper in town, people would feel **reluctant** to come here for holiday. Businesses like hotels and pubs that mainly rely on tourists would be hit hard.

除此之外，大家也很怕這個秘密外泄。因為，這個小鎮的經濟支柱是旅遊業，很多外地人在夏秋之間都會來狩獵，如果被人知道這裏有痲瘋病人，遊客肯定大幅減少，旅館和酒吧等依靠遊客消費的行業會受到嚴重打擊。

That's why Juniper and Gordon were so concerned. Needless to say, the one person who **dreaded** the most about this secret leaking out was I. I must protect the **reputation** of the Emsworth household, and I certainly do not want the young master to get hurt. He is already suffering enough from an unfortunate illness. So we persuaded Dr. Kent to join us to keep an eye on the private detective.

他們兩人那麼緊張，就是這個緣故。當然，最怕消息外泄的人是我，我要保護埃姆斯威家的家聲，也不想有人傷害患病的少爺。於是，我們說服肯特醫生，一起監視那個私家偵探。

Just as we had expected, that private detective stepped out of the hotel after the night had fallen and walked along the road towards the estate. But when he reached the woods, he seemed to have noticed that he was being followed since he suddenly turned around to leave. To **deter** him from coming back, I **unleashed** Rocky to scare him. Who knew that he would start beating Rocky with his cane? He did not

Glossary tacit pact (名) 默契　indebted (形) 受過恩惠的、感激的　reluctant (形) 不願意的
dread(ed) (動) 害怕、擔心　reputation (名) 名譽　deter (動) 阻撓、阻止　unleash(ed) (動) 解開

manage to strike a blow at Rocky though, so he tossed his cane at Rocky instead then fled into the woods. That's how he fell into an abandoned well by accident.

果然，那個私家偵探在入夜後從旅館出來，悄悄地沿着馬路向這裏走來。不過，他走到樹林那段路時，似乎發現有人跟蹤，急急掉頭就走。為了令他不敢再來，我就放洛奇出去嚇唬他一下，怎知道他竟用手杖攻擊洛奇，但洛奇沒被打中。那人丟失了手杖後就逃進了樹林，最後更失足跌落一個廢井之中。

He was not moving at all when we found him at the bottom of the well. We thought that he must have died from the fall, so we decided to cover the well with a **hefty lid** and **stow away** the body for good. I knew that if someone were to find his body, the police would come here and conduct a thorough investigation, upon which Godfrey's illness would be exposed to the world. With the well sealed, I was hoping that the secret of the young master's condition would also be sealed forever.

我們看到他躺在井底一動不動，估計他已摔死了，於是就用井蓋把井口封了。我知道，如果有人發現了他的屍體，一定會引來警方大肆調查，少爺患病的秘密就保不住了。把井口封了，就可以把秘密永遠封住。

Next time on **Sherlock Holmes** — They go to the well and find out the unexpected truth!
下回預告：眾人去到廢井，卻發現令人意外的真相！

Glossary hefty lid (形+名) 沉重的蓋子　　stow away (片語動) 藏起來

52

實戰推理系列⑤
洋娃娃綁架案

夏洛克與猩仔目擊女童被一個黑衣人綁架，警方卻不理會他們的證詞，反而相信了茶葉店女店員的假口供，導致搜查方向出錯。

夏洛克兩人懷疑女店員是綁架犯的同謀，聯同傻探雷斯一起調查，發現女店員雖然監守自盜，卻與綁架案無關。

與此同時，另一宗女童拐帶案又遽然而至……夏洛克與猩仔能否成功拯救女童？

另一方面，猩仔因為人有三急而闖進鬼屋借用洗手間，沒料到大門竟自動關上，水喉更噴出血水。到底猩仔與夏洛克能否安全逃離鬼屋？

本書收錄2個有趣的解謎短篇小説，並在故事中穿插多個不同謎題，來跟福爾摩斯等人一起解謎吧！

厲河＝原案/監修
陳秉坤＝小説/繪畫
匯識教育有限公司

數學偵緝系列②
神探小兔子

鐘錶店舉行大抽獎，聲稱中獎機率足有一成，但幾乎無人得獎。有抽獎者懷疑被騙，竟以重金聘請福爾摩斯調查。這時小兔子毛遂自薦，調查箇中因由，並與大偵探約定，只要能獨力破案，就可收取豐厚報酬。到底他能否解開謎團，成為獨當一面的偵探？

本書共收錄6個短篇故事，當中加入了多個與數學相關的謎題。大家看故事之餘，也能動動腦筋，提升數學運算與邏輯思考的能力呢！

厲河＝原案/監修
月牙＝繪畫
《兒童的科學》創作組＝小説
匯識教育有限公司

讀者信箱

醫療科技日新月異，現在覺得理所當然的技術，可能在數十年後已完全不同，大家有興趣當醫生或科學家，在這範疇貢獻一點力量嗎？
《兒童的學習》編輯部

陳沛楹

請問滅活疫苗和核糖核酸疫苗有甚麼分別？

兩者最大分別是製造方法，滅活疫苗是利用死去病毒刺激免疫反應；核糖核酸疫苗則以病毒的 mRNA 指令，在人體內合成去除了致病和複製能力的病毒。想知道得更詳細，可看第69 期專輯〈變種病毒的威脅〉。

黃楚峰

太乾淨會致病？原本以為污糟才會致病，但完全殺死細菌也會致病，真的現在才知道。

因為長期生活在沒有細菌病毒的環境，就無法鍛煉免疫系統，當遇到強大的細菌時，免疫系統就不懂作出反應了。

9分

范語喬

90分
*讀者意見區
李信熹

*讀者意見區

陳晨睿

《大偵探福爾摩斯》共有多少集？會不會再出？

《大偵探福爾摩斯》正傳出了 59 集，仍然會繼續出版啊。第 60 集預計將於 10 月出版。

李仲謙

*讀者意見區

下次可以寫關於世界地圖的知識（或者是各個旅遊勝地都可！）

兒學加油！ ☺

《兒童的學習》第 33 期專輯〈齊做地圖博士〉和第 34 期專輯〈遊學自由行〉有介紹地圖和世界名勝，趁暑假補購來看吧。

一次過解答這兩條問題吧。太陽光由不同波長的光組成，當中藍光最容易被空氣中的粒子散射，佈滿整片天空，所以白天的天空是藍色。而雲含有大量水滴，各種波長的光也會被散射及穿過，混合起來就變成白色了。

*讀者意見區　第四次寄信

為甚麼天空是藍色的？

梁梓軒

Samba's Wishes Come True!?

ARTIST: KEUNG CHI KIT   CONCEPT: RIGHTMAN CREATIVE TEAM

嘎　　　　嘎

飯後帶狗出來散步，真寫意!!　　哈

喂！你的寵物嚇走了所有人！　　　　哈　　哇

哈～～～ 　　　　　　　這隻是甚麼啊？　　森巴，你不可以帶著　　　哦
　　　　　　　　　　　　　　　　　　這種奇怪動物進來啊！

砰!!

哈　　　　好　　　　　　嘿！我新養的狗！　咔噠！ 咔噠！　溜狗

嗚……我的旺財呀！出現了兩頁就死了！

啊！

森巴！你看！

流星啊！

流　星　　向流星許願特別靈驗的！　要趁它消失之前許願！

隆一

那……那是甚麼!?

嗚 *Plod Plod Plod Plod* 嘩!

森巴，你做甚麼啊？ 許願 最重要是有誠意！不是你的姿勢！ 呀~~~

對了！你剛才許了甚麼願？

上 天 與 太 陽 伯 伯 跳 舞

根本不可能……

呀~~~　　　我　要　　忘了吧！做夢時與太陽伯伯玩吧！

啊！時間到了！

是時候回家看《愛心超人》！

喂！我們要回家了！　　　不　要

唉！讓你在這裏玩一會吧。

你玩完後就要自己回家啊！　　　是

流　星　　　　　　　　　流星

小心點啊！　　　拜

流　　　　　　星

啊

哦

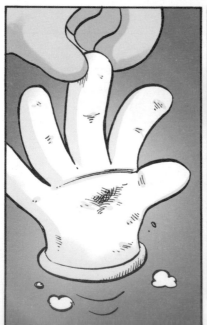

手

哎呀~~~~很痛啊！放手！

哼！真的很痛！

流　　　　　星

小朋友！你認識我？　　許願中

沒錯！我就是穿梭於宇宙間⋯⋯　　專門運送貨物到各星體的俊男⋯⋯

我是流星人!!

Still wishing

繼續許願中

你這隻野獸!我不是食物!!

Die!!

焦!!

受死吧!!

轟一

嘿嘿！竟敢開罪我？你真的不知死活！

我實在太厲害了！
哈哈……　　　呃哼……

嘩~~~

嗚~　　　　　嘩~

既然你是我的支持者，送你一個徽章吧！　　　嘩

65

是否想我繼續表演？　　好

看吧！

噗—　　　　　　　嗖—

逢—　　哇　　噗—　　嘩

嗖—

厲害吧！　噗—　　　哇

我　又　試　　咦？你也行嗎？

看

噗—　　　呵~~~~　　　　爬　爬　爬

時間也不早了！　　　　　　　　　　　　　好!!　　唉　我要回去工作了！

再見！　　　　拜　拜　我有問題！　　為何你無緣無故會跌進地球的？你不是很厲害嗎？

你是誰？　狗記者。　森　巴　蟻　你不要多管閒事！　請你回答！有很多讀者想知道原因！

是這樣的……我在返回流星基地的時候……

下班了！回家睡個好覺！

避開呀！小子！　　啊！

嗖—　　嘩！你怎樣駕駛的!?

哼！幸好我敏捷！　太空蕉皮

哎呀~

就是這樣，我跌進地球……　　　　　哦　　　　　　原來是踏了蕉皮……

可惡！　　　　　你竟敢笑我!?

哈哈……還以為你真的很厲害，
原來是個傻瓜！

受死啦！　　　　　　我擋！　　　　　逢一

嗚……　　　　　呀　　　　　你的法術真差勁！

哈哈哈！　　　　　吼

嘿~~~　　　　喝　　　　　砰—　　　嗚~~~

謝謝你!　　　　　哈

這樣吧!我幫你實現一個願望!　　　啊

我　想

71

Kang

剛

嘩~~~~

好 玩

Huh? Samba's just come back?

哦?森巴現在才回來?

森巴,你究竟去了哪裏?

Wah ~~~~

Very

fun

Samba, where did you go?

He really dances with the Sun?

The end...

難道真的與太陽伯伯跳舞?

完......

72

兒童的學習 NO.78

請貼上
$2.0郵票

香港柴灣祥利街9號
祥利工業大廈2樓A室
兒童的學習 編輯部收

大家可用
電子問卷方式遞交

2022-8-15　　▼請沿虛線向內摺

請在空格內「✔」出你的選擇。

問卷

有關今期內容

Q1：你喜歡今期主題「華生的醫學世界」嗎？
01□非常喜歡　　02□喜歡　　03□一般　　04□不喜歡　　05□非常不喜歡

Q2：你喜歡小說《大偵探福爾摩斯──實戰推理短篇》嗎？
06□非常喜歡　　07□喜歡　　08□一般　　09□不喜歡　　10□非常不喜歡

Q3：你覺得SHERLOCK HOLMES的內容艱深嗎？
11□很艱深　　12□頗深　　13□一般　　14□簡單　　15□非常簡單

Q4：你有跟着下列專欄做作品嗎？
16□巧手工坊　　17□簡易小廚神　　18□沒有製作

＊讀者意見區

＊快樂大獎賞：
我選擇(A-I)

只要填妥問卷寄回來，
就可以參加抽獎了！

感謝您寶貴的意見。

請沿實線剪下

請沿實線剪下

＊本刊有機會刊登上述內容以及填寫者的姓名。

讀者檔案

#必須提供

#姓名：		男 女	年齡：	班級：

就讀學校：

#聯絡地址：

電郵：	#聯絡電話：

你是否同意，本公司將你上述個人資料，只限用作傳送《兒童的學習》及本公司其他書刊資料給你？（請刪去不適用者）

同意/不同意　簽署：＿＿＿＿＿＿＿＿＿　日期：＿＿＿＿＿年＿＿＿月＿＿＿日

「收集個人資料聲明」可參看右頁

讀者意見

A 學習專輯：華生的醫學世界
B 大偵探福爾摩斯——
　實戰推理短篇 未完成的壁畫
C 巧手工坊：大偵探轉轉小劇場
D 快樂大獎賞
E 成語小遊戲
F 簡易小廚神：拿破崙通心粉

G 食物Quiz
H 1分鐘提升閱讀能力
I SHERLOCK HOLMES：
　The Blanched Soldier⑧
J 讀者信箱
K SAMBA FAMILY：
　Samba's Wishes Come True!?

＊請以英文代號回答Q5至Q7

Q5.　你最喜愛的專欄：
　　　第 1 位 19＿＿＿＿＿　　第 2 位 20＿＿＿＿＿　　第 3 位 21＿＿＿＿＿

Q6.　你最不感興趣的專欄：22＿＿＿＿　原因：23＿＿＿＿＿＿＿＿

Q7.　你最看不明白的專欄：24＿＿＿＿　不明白之處：25＿＿＿＿＿＿＿

Q8.　你覺得今期的內容豐富嗎？
　　　26□很豐富　　　27□豐富　　　28□一般　　　29□不豐富

Q9.　你從何處獲得今期《兒童的學習》？
　　　30□訂閱　　　31□書店　　　32□報攤　　　33□OK便利店
　　　34□7-Eleven　　　35□親友贈閱　　　36□其他：＿＿＿＿＿＿

Q10.　你有去今年的書展嗎？
　　　37□有　　　38□沒有

Q11.　如有去，你參與了書展哪些活動？（可選多項）
　　　39□逛各個展館　　40□作家講座　　41□名人講故事　　42□作家簽名會
　　　43□工作坊　　44□逛運動消閒博覽　　45□逛零食世界
　　　46□其他：＿＿＿＿＿＿＿＿＿＿＿

Q12.　你還會購買下一期的《兒童的學習》嗎？
　　　47□會　　　48□不會，請註明：＿＿＿＿＿＿＿＿＿